誰是誰？
相似**動物**分得清

蘇西・瑞　著

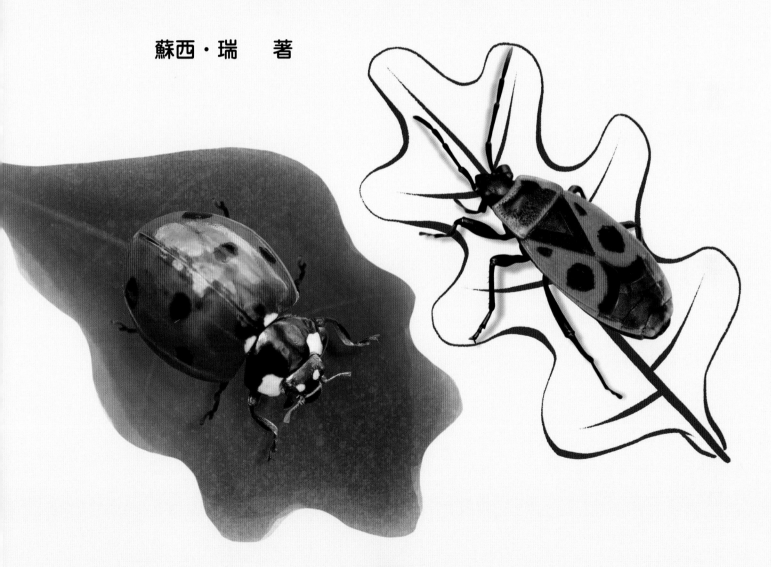

新雅文化事業有限公司
www.sunya.com.hk

新雅 · 知識館
誰是誰？相似動物分得清

作者：蘇西·瑞（Susie Rae）
繪圖：迪爾巴格·辛格（Dilbag Singh）
顧問：尼克·克倫普頓（Nick Crumpton）
翻譯：張碧嘉
責任編輯：張斐然
美術設計：許鍩琳
出版：新雅文化事業有限公司
香港英皇道499號北角工業大廈18樓
電話：(852) 2138 7998
傳真：(852) 2597 4003
網址：http://www.sunya.com.hk
電郵：marketing@sunya.com.hk
發行：香港聯合書刊物流有限公司
香港荃灣德士古道220-248號荃灣工業中心16樓
電話：(852) 2150 2100
傳真：(852) 2407 3062
電郵：info@suplogistics.com.hk
版次：二〇二二年十二月初版

ISBN:978-962-08-8110-7
Original Title: *What's the Difference? Animals: Spot the difference in the animal kingdom!*
Copyright © Dorling Kindersley Limited, 2022
A Penguin Random House Company
Traditional Chinese Edition © 2022 Sun Ya Publications (HK) Ltd.
18/F, North Point Industrial Building, 499 King's Road, Hong Kong
Published in Hong Kong SAR, China
Printed in China

For the curious
www.dk.com

這本書是用Forest Stewardship Council®（森林管理委員會）認證的
紙張製作的——這是 DK 對可持續未來的承諾的一小步。
更多資訊：www.dk.com/our-green-pledge

誰是誰？
相似**動物**分得清

目錄

紅隼 (common kestrel)

紅尾鷹 (red - tailed hawk)

誰是誰？

　　動物的外貌和身形多種多樣，牠們的外觀受很多不同的因素影響，包括棲息地、飲食習慣和生活形態，例如牠們是否會飛翔、奔跑或游泳？通常，同一物種的動物有相同的特徵。物種指的是在同一科下，非常相似，但不完全一樣的兩種動物。例如，郊狼和豺是同屬犬科的兩個物種。

山狼 (mountain coyote)

豺 (jackal)

浣熊
(common raccoon)

小熊貓
(red panda)

　　有些動物因為吃同樣的食物，以及生活在相似的環境中，使得牠們的外貌很相似。這意味着就算是生活在地球兩端的動物，也有可能看起來很相似，例如浣熊和小熊貓！那麼我們該如何區分這些相似的動物呢？

　　這本書將告訴你怎樣分辨一些經常被混淆的動物。例如海豚還是鼠海豚？鱷魚還是短吻鱷？我們可以仔細觀察牠們的鼻子、耳朵、尾巴和牙齒，只要掌握一些方法，就算兩種動物的樣子看起來相似，你也能很快分辨出來！

寬吻海豚
(bottlenose dolphin)

港灣鼠海豚
(harbour porpoise)

鱷魚還是短吻鱷？

鱷魚和短吻鱷都是體型龐大的爬行類動物，有強壯的牙齒和顎。牠們都喜歡懶洋洋地在水中度過一天。但仔細看，你會發現牠們有明顯的區別。

鱗片可以有不同色調的灰色、綠色、棕色或黑色。

兩者均可以潛在水底超過一小時。

口鼻長而尖

嘴巴閉合時，仍可見到下齒。

美洲鱷魚
（American crocodile）

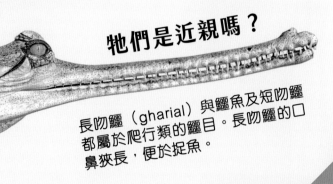

牠們是近親嗎？

長吻鱷（gharial）與鱷魚及短吻鱷都屬於爬行類的鱷目。長吻鱷的口鼻狹長，便於捉魚。

鱷魚

短吻鱷

動物檔案

名稱
美洲鱷魚

牠們生活在哪裏?
美國佛羅里達州、中美洲、南美洲及加勒比海一帶的鹹水海岸、河流和湖泊

牠們有多大?
長2.5 - 4.5米

牠們吃什麼?
幾乎任何東西都吃:鳥、魚、龜、狗、山羊和鯊魚

名稱
美洲短吻鱷

牠們生活在哪裏?
美國東南部的淡水河流和沼澤

牠們有多大?
長2.6 - 3.4米

牠們吃什麼?
細小的獵物例如鳥、青蛙、魚和蝸牛,以及較大的哺乳類動物,例如兔子

我知道了!

看看牠們的頭。
鱷魚的口鼻長而尖,而短吻鱷的口鼻闊而彎。如果牙齒有外露,那就是鱷魚了。
觀察牠們時,要小心保持安全距離啊!

兩者都是冷血動物,所以牠們必須靠曬太陽來保暖。

口鼻闊而彎,呈U型。

嘴巴閉合時,大部分下齒隱藏。

鱗片是深色的,通常是深綠色或黑色。

美洲短吻鱷
(American alligator)

大羊駝還是羊駝？

駱駝的兩位表親——大羊駝和羊駝，都生活在南美洲安地斯山脈的高處。兩者都被飼養在農場中，牠們的毛可以製成毛線，再加工成衣服和毯子。小心啊，牠們生氣的時候可是會吐口水的呢！

長耳朵，形狀像香蕉。

大羊駝
（llama）

原駝
（guanaco）

原駝是大羊駝的野生近親。

長鼻子，臉上毛髮不多。

皮毛粗糙、起皺。

名稱
大羊駝

牠們生活在哪裏？
南美洲的高原，以及世界各地的農場裏

牠們有多大？
身高至肩膀約120厘米

牠們吃什麼？
草及其他植物

名稱
羊駝

牠們生活在哪裏？
南美洲的安地斯山脈，以及中、北美洲各地的農場裏

牠們有多大？
身高至肩膀約90厘米

牠們吃什麼？
主要吃青草和乾草

大羊駝會保衛自己的畜羣包括牛隻等動物，趕走獵食者。

大羊駝	羊駝

大羊駝高大、自信，皮毛粗糙。羊駝則可愛、皮毛柔軟，令人想擁抱牠。兩者是近親，而且經常成羣結隊地一起生活。

駱馬
（vicuña）

駱馬是羊駝的野生近親。

• 耳朵短而尖

扁鼻子，毛茸茸、友善的臉。

• 皮毛柔軟

羊駝喜歡羣居，與其他動物一起時會感到安全和快樂。

羊駝
（alpaca）

牠們是近親嗎？

羊駝、大羊駝和牠們的野生親屬都是駱駝科的成員。單峯駱駝（dromedary camel）（上圖）和雙峯駱駝（bactrian camel）也屬駱駝科，牠們都有駝峯。

向上浮起

鷹有長長的羽毛，這讓牠們擁有寬闊的翼展。羽毛也讓牠們可以借助熱氣流向上滑翔。

鳥類

有些雀鳥飛得很快，有些卻在空中盤旋；有些用力鼓動翅膀，有些卻順勢滑翔。原來翅膀也有許多不同的類型，以不同的方式運作。

白頭海鵰
（bald eagle）

原地懸浮

有些雀鳥能急速地鼓動翅膀，讓牠們在進食或尋找食物時，能懸浮在原地。牠們靠尾巴來保持穩定。

歐洲紅隼
（common European kestrel）

空中雜技

這種形狀的翅膀有利於短時間加速。擁有橢圓形翅膀的雀鳥，飛行非常敏捷，亦能輕易改變方向，甚至可以在空中翻筋斗和快速翻動！

渡鴉（raven）

黑眉信天翁
（black - browed albatross）

長途旅行者

這種狹長的翅膀，讓鳥類無須過度拍打翅膀便可長途飛行。有這種翅膀的鳥類在起飛時，需要借助一陣強風。

翅膀

翅膀可以讓鳥類、昆蟲甚至一些哺乳類動物在空中翱翔。拍動平坦的翅膀能推動下方的空氣，然後將自己抬離地面。然而，所有的翅膀都是一樣的嗎？

樓燕（common swift）

高速飛行

長而薄的翅膀，讓鳥兒飛得快，甚至可以在空中停留數月之久。牠們的翅膀光滑，不會因為空氣的阻擋而減慢飛行速度。

哺乳類動物

哺乳類動物中只有一種動物會飛，那就是蝙蝠。蝙蝠的翅膀其實是很長的手指，指間由一層薄皮膚連接。蝙蝠可以移動牠們的「手指」來改變翅膀的形狀。

像烏鴉和渡鴉一樣，蝙蝠的翅膀是橢圓形的。覓食時可在空中穿梭潛行。

蝙蝠翅膀的末端有爪子，用以爬樹及飛行。

大狐蝠（flying fox bat）

是滑翔，而不是飛行！

雖然稱為飛鼠（flying squirrel），但其實牠們不會飛。飛鼠腋下的皮瓣讓牠們能在空中滑翔。所以能跳得很遠，甚至在空中改變方向。

蜻蜓（dragonfly）

昆蟲

大多數昆蟲都有四隻翅膀，前翼和後翼一起作用可以讓昆蟲飛起來。有些昆蟲拍打翅膀的速度很快，甚至人類用肉眼也看不出翅膀在動。

蜜蜂（honey bee）

瓢蟲（ladybird）

有些鳥類有翅膀，但不能飛！

飛不起的翅膀

鴕鳥（ostrich）和鴯鶓（emu）用有力的腿奔跑時，會用翅膀來保持平衡。而企鵝（penguin）則把翅膀當作魚鰭一般，幫助牠們在水中前進。

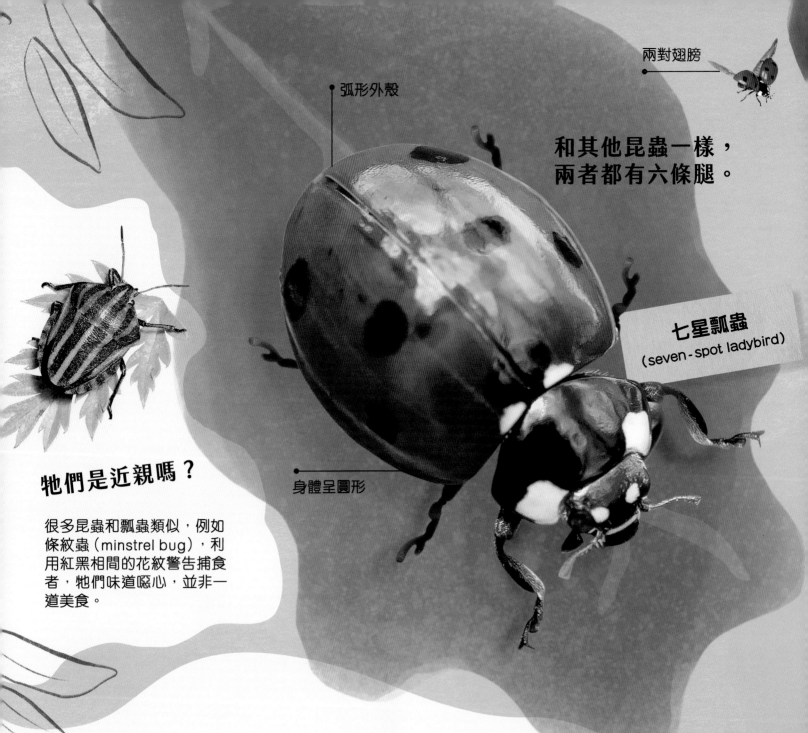

弧形外殼

兩對翅膀

和其他昆蟲一樣，
兩者都有六條腿。

七星瓢蟲
(seven‑spot ladybird)

身體呈圓形

牠們是近親嗎？

很多昆蟲和瓢蟲類似，例如
條紋蟲（minstrel bug），利
用紅黑相間的花紋警告捕食
者，牠們味道噁心，並非一
道美食。

瓢蟲還是紅蝽？

　　這些色彩鮮豔的昆蟲是什麼？牠們身上
都有紅黑斑點，很難分清是瓢蟲還是紅蝽。然
而，除了斑點以外，這兩種昆蟲有着很大的區
別啊！

瓢蟲

紅蝽

名稱
七星瓢蟲

牠們生活在哪裏?
歐洲、北美、亞洲、北非和澳洲的田野、草地、花園及森林裏

牠們有多大?
5 - 8毫米

牠們吃什麼?
主要吃稱為蚜蟲的小昆蟲

名稱
紅蝽

牠們生活在哪裏?
歐洲、中國、中美洲、印度及澳洲

牠們有多大?
8 - 10毫米

牠們吃什麼?
種子

我知道了!

可以從牠們身體的形狀來分辨瓢蟲和紅蝽。我們還需要了解的是——牠們雖然色彩鮮豔,但卻是完全無害的。

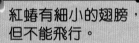

紅蝽有細小的翅膀,但不能飛行。

兩者都喜歡成羣結隊地生活和行動,因為這樣會更安全。

一堆紅蝽

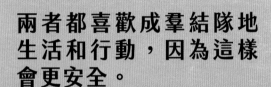

身體呈橢圓形

外殼扁平

紅蝽
(firebug)

15

兩者都是什麼東西都吃，不過小熊貓更喜歡吃竹子。

尾巴長長、多毛、有條紋相間。

紅棕色的皮毛

眼眉細小，呈白色。

耳朵呈三角形

四腳有爪

小熊貓
（red panda）

我知道了！

小熊貓和浣熊的主要分別是牠們的顏色。你也可以細看牠們的臉、耳朵和前腳來尋找更多線索，例如浣熊的「眼罩」。

小熊貓還是浣熊？

小熊貓和浣熊看起來很相似，大家都有厚厚的、毛茸茸的皮毛，也有長長的條紋尾巴。事實上，小熊貓不像熊貓，更像浣熊。書中提到的一些相異之處可以幫助你分辨牠們。

小熊貓

浣熊

16

動物檔案

名稱
小熊貓

牠們生活在哪裏?
中國和喜馬拉雅山的山林

牠們有多大?
身長50 - 64厘米,尾巴長
28 - 60厘米

牠們吃什麼?
主要吃竹子,但也吃細小的哺乳類動物、鳥類、蛋和漿果

名稱
浣熊

牠們生活在哪裏?
主要在北美的森林、城鎮和城市,歐洲和日本也可找到

牠們有多大?
身長60 - 96厘米,尾巴長20 - 40厘米

牠們吃什麼?
幾乎什麼都吃,包括植物、昆蟲、蛋、青蛙和人類遺棄的垃圾

這些年幼的浣熊
正在捉螃蟹
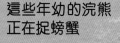

像眼罩般的條紋

兩者都大約有相當於一隻家貓那麼大。

耳朵呈圓形

黑白色的皮毛

牠們是近親嗎?

狸貓(tanuki)來自日本,是狗和狼的親屬。狸貓的外貌和浣熊相似,又稱為日本貉。

尾巴長長、多毛、
有條紋相間。

四腳有長腳指,
就像人類的
手掌。

浣熊
(common raccoon)

魷魚還是八爪魚？

潛進海洋裏，你會發現一些有很多條腿的軟體生物在盯着你。牠們起碼都有八條腕在揮動，你知道該怎麼區分魷魚和八爪魚嗎？

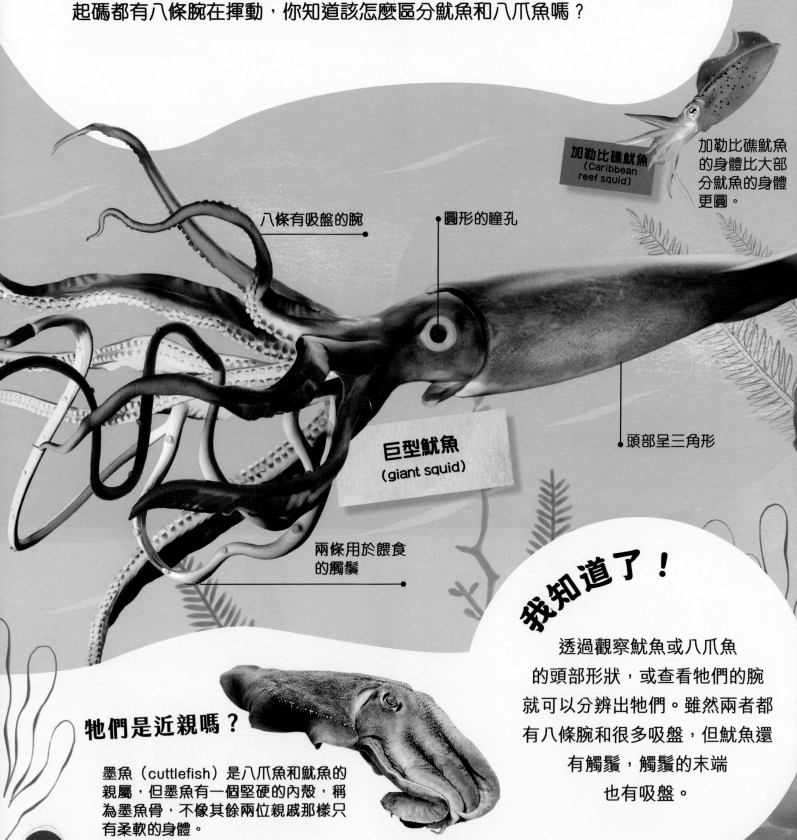

加勒比礁魷魚
(Caribbean reef squid)

加勒比礁魷魚的身體比大部分魷魚的身體更圓。

八條有吸盤的腕

圓形的瞳孔

頭部呈三角形

巨型魷魚
(giant squid)

兩條用於餵食的觸鬚

我知道了！

透過觀察魷魚或八爪魚的頭部形狀，或查看牠們的腕就可以分辨出牠們。雖然兩者都有八條腕和很多吸盤，但魷魚還有觸鬚，觸鬚的末端也有吸盤。

牠們是近親嗎？

墨魚（cuttlefish）是八爪魚和魷魚的親屬，但墨魚有一個堅硬的內殼，稱為墨魚骨，不像其餘兩位親戚那樣只有柔軟的身體。

兩者都能改變
皮膚的顏色。

魷魚　　　　八爪魚

這些細小的八爪魚能
釋放致命的毒素。

藍環八爪魚
(blue-ringed
octopus)

兩者都是無脊椎動物，
意思是牠們都沒有骨架。

頭部呈圓形

長方形的瞳孔

巨型太平洋八爪魚
(giant pacific octopus)

動物檔案

名稱
巨型魷魚

牠們生活在哪裏？
全世界海洋的深處

牠們有多大？
由頭至觸鬚的末端長12米

牠們吃什麼？
魚類及其他魷魚

名稱
巨型太平洋八爪魚

牠們生活在哪裏？
北太平洋

牠們有多大？
由頭至腕的末端長4.9米

牠們吃什麼？
較細小的魚、蝦、蝸牛、蜆，有時
吃其他八爪魚

八條有吸盤
的腕

19

鴯鶓還是鴕鳥？

鴯鶓和鴕鳥是世界上最大的兩種鳥類。儘管牠們都有蓬鬆的羽毛，但是都不能飛，不過兩者在逃走時，都跑得很快。你能區分這兩種巨型的長頸鳥嗎？

鷸鴕（kiwi）

又稱奇異鳥，這種細小、不會飛的鳥生活在新西蘭。

動物檔案

名稱
鴯鶓

牠們生活在哪裏？
澳洲

牠們有多大？
1.5 - 1.9米

牠們吃什麼？
植物及昆蟲

名稱
鴕鳥

牠們生活在哪裏？
來自非洲北部、東部及南部

牠們有多大？
2.1 - 2.8米

牠們吃什麼？
植物，昆蟲及細小的爬行類動物

雄性鴯鶓負責為蛋保暖和孵化。

鴯鶓（emu）

棕色的羽毛

每隻腳有三隻腳趾

20

我知道了！

鴯鶓是澳洲最大的動物，但與鴕鳥相比下，體型仍算細小。觀察牠們的腳就能找出牠們的差異——鴯鶓有三隻腳趾，而鴕鳥只有兩隻。

鴯鶓　　　**鴕鳥**

雄性及雌性鴕鳥會輪流幫牠們的蛋保暖。

黑白色羽毛（雄性）或棕色的羽毛（雌性）

每隻腳有兩隻腳趾

鴕鳥
(ostrich)

牠們是近親嗎？

鶴鴕（cassowary）是世界上第三大的鳥類。牠生活在印尼、巴布亞新幾內亞和澳洲某些地區。

驢子還是騾子？

驢子和騾子看起來很相似，原因是騾子有個驢爸爸和馬媽媽。不同的物種混合交配，生下來的動物稱為雜交種。你知道如何分辨這些近親的差異嗎？

驢子　　　騾子

牠們是近親嗎？

斑馬（zebra）和驢子的孩子稱為斑驢獸或驢斑獸（zonkey）！

安達盧西亞馬
(Andalusian horse)

馬比驢大很多，但耳朵卻較小。

長而大的耳朵

強大粗壯的身軀

長而粗糙的毛髮

驢子
(donkey)

驢子發出「嘻啊」的叫聲。

我知道了！

要分辨騾子與牠們的驢爸爸並不容易，只能說騾子比較像馬。試從牠們的毛髮和叫聲來分辨吧。

名稱
驢子

牠們生活在哪裏？
遍布全球，常見於中國、巴基斯坦及埃塞俄比亞

牠們有多大？
身高至肩膀約0.9 - 1.5米

牠們吃什麼？
稻草和青草

名稱
騾子

牠們生活在哪裏？
遍布全球，常見於中國及墨西哥

牠們有多大？
身高至肩膀約1.2 - 1.8米

牠們吃什麼？
乾草及穀類

騾子可以有驢的大耳朵或馬的小耳朵。

普氏野馬
(Przewalski's horse)

這種野馬外貌與騾子很相似。

毛髮短而順滑

像驢一樣強壯，身軀更大一些。

騾子發出「嘶鳴」的叫聲。

騾子
(mule)

23

肉食動物

以其他動物為食的動物稱為肉食動物。牠們有鋒利的牙齒可以抓住獵物;牠們的臼齒通常較小,但仍足以把食物咬成小塊。

咬碎及撕扯

肉食性的哺乳類動物有長而鋒利的前牙,稱為犬齒。獅子的犬齒長10厘米!

大白鯊
(great white shark)

層層鋒利的牙齒

鯊魚有很多排鋒利而大小一樣的牙齒。牠們經常換牙,所以總是很鋒利。

亞洲獅
(Asiatic lion)

牙齒的種類

前面的牙稱為門牙,用以咬斷食物。門牙旁邊的尖牙叫犬齒,用來撕斷食物。後面有小臼齒和大臼齒,它們又大又平,方便磨碎和咀嚼食物。

牙齒

動物除了用牙齒來撕扯、咬碎或咀嚼食物外,還會用來狩獵和保護自己。你可以從動物牙齒的形狀來了解牠們的習性。

草食動物

進食植物的哺乳類動物，門牙都很鋒利，用來咬斷食物，而大臼齒則用來磨碎食物。

堅實地啃咬

松鼠有鋒利的門牙，可以咬斷硬木。牠們的牙齒會因啃咬而磨損，但又會不斷生長來替補。

最大的犬齒

雖然河馬是草食性動物，但牠的犬齒是動物界裹最長的，長達1米，用來保護自己。

（河馬
（hippopotamus）

（松鼠
（squirrel）

尖銳的防衛

黑猩猩吃昆蟲和植物。當牠們遭受攻擊時，會用長犬齒來防衛。

雜食動物

雜食動物既吃肉類，也吃植物。牠們用既闊且平的門牙咬碎大塊的食物，用尖利的犬齒及扁平的臼齒來咀嚼。人類就是雜食動物！

黑猩猩
（chimpanzee）

吃植物為主的熊

黑熊看起來兇猛，但牠們的牙齒通常用來吃漿果或草。

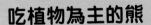
黑熊
（black bear）

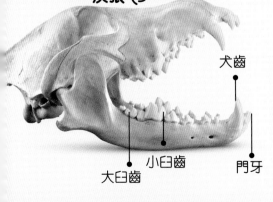

灰狼 (grey wolf)

犬齒

大臼齒　小臼齒　門牙

牙齒的分工

灰狼用鋒利的前齒咬住獵物，然後用後齒將牠切碎。羊拔起植物後，用後齒將草磨碎。兩種動物都有適當的牙齒組合來配合進食。

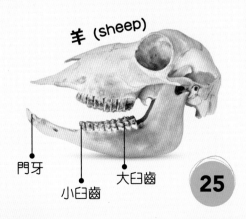

羊 (sheep)

門牙　小臼齒　大臼齒

袋貂還是負鼠？

袋貂和負鼠非常相似，兩者都喜歡在城市裏四處奔跑覓食，牠們的英文名字亦幾乎一樣！但如果仔細觀察，就不難分辨這兩種毛茸茸的有袋小動物。

| 袋貂 | 負鼠 |

雌性的袋貂通常只會誕下和養育一隻小袋貂。

皮毛柔軟

面圓，眼睛棕色。

兩者都生活在人類附近，並以人類丟掉的垃圾為食。

尾巴毛茸茸的，靈活且能抓住物件。

牠們是近親嗎？

短尾負鼠（short-tailed opossum）（下圖）的大小與老鼠相若。牠們原本生活在南美的雨林中，但細小的體型也適合生活在房子裏，吃一些昆蟲和蠍子等害蟲。

帚尾袋貂
(common brushtail possum)

我知道了！

學會如何分辨是哪一種動物在翻別人的垃圾了嗎？從棲息地就可得知——袋貂生活在南半球，負鼠生活在北半球。牠們的尾巴也有很大不同呢！

雌性的負鼠可以生下一堆小負鼠，大約二十隻。

兩者都是有袋動物，會將嬰兒放入袋中。

名稱
帚尾袋貂

牠們生活在哪裏？
澳洲及紐西蘭

牠們有多大？
身長32-58厘米，其中尾巴佔24-40厘米

牠們吃什麼？
按樹樹葉，還有其他植物、昆蟲、蛋和垃圾

名稱
北美負鼠

牠們生活在哪裏？
美國及墨西哥

牠們有多大？
身長35-95厘米，其中尾巴佔22-47厘米

牠們吃什麼？
幾乎什麼都吃，包括植物、蛋、魚、老鼠、腐肉和垃圾

皮毛粗糙

面尖，眼睛黑色。

尾巴沒有毛

北美負鼠
(Virginia opossum)

海豚

鼠海豚

河豚
(river dolphin)

恆河河豚的皮膚是粉紅色的,而不是灰色的。

海豚既聰明又好奇,經常接近人類。

彎曲的背鰭

寬吻海豚
(bottlenose dolphin)

長身軀

海豚還是鼠海豚?

　　海豚和鼠海豚,還有鯨都是鯨類家族的近親。雖然鯨類在水中生活,但牠們是哺乳動物,所以需要浮上水面呼吸。你知道怎樣區分海豚和鼠海豚嗎?

我知道了！

海豚的鼻子很長，而鼠海豚的鼻子較扁平，牠們鰭的形狀也不同。你可能會較常見到友善的海豚，因為鼠海豚有點害羞呢！

動物檔案

名稱
寬吻海豚

牠們生活在哪裏？
全世界各大海洋

牠們有多大？
長2 - 4米

牠們吃什麼？
主要吃魚，也吃鰻魚及魷魚

名稱
港灣鼠海豚

牠們生活在哪裏？
北大西洋和北太平洋的冷水中

牠們有多大？
長1.4 - 1.9米

牠們吃什麼？
主要吃魚，也吃魷魚

嘴部長，像個瓶子

白腰鼠海豚
（dall's porpoise）

黑白色的鼠海豚有時會被誤認為是殺人鯨

三角形的背鰭

港灣鼠海豚
（harbour porpoise）

鼠海豚很害羞，寧願遠離人羣。

圓身軀

鼻子短壯

牠們是近親嗎？

殺人鯨（orca）是海豚的一種，是鯨類中體積最大的。殺人鯨和其他海豚一樣，既友善也喜歡羣居生活。

蜜蜂還是黃蜂？

這些黃黑相間的小昆蟲嗡嗡作響，又飛得很快，實在難以分辨！牠們都會跟成千上萬的同類羣居，又會在受到威脅時刺人，而且都喜歡花蜜，不過，牠們其實也有很多不同之處的！

蜜蜂　　　　黃蜂

動物檔案

名稱
歐洲蜜蜂

牠們生活在哪裏？
除南極洲外的各個大洲

牠們有多大？
長13 - 16毫米

牠們吃什麼？
由花粉和花蜜混合成的蜂糧，也叫「蜜蜂麵包」

名稱
黃蜂

牠們生活在哪裏？
北美洲東部

牠們有多大？
長13 - 16毫米

牠們吃什麼？
昆蟲屍體、水果和花蜜

身體多茸毛

條紋模糊

腰圓

螫針只能用一次

歐洲蜜蜂
(European honey bee)

30

我知道了！

兩者都會保衛自己的巢穴，
守護巢穴中的蜂后。

蜜蜂和黃蜂的主要分別就是牠們身上的條紋。黃蜂的條紋明顯，而蜜蜂的條紋較模糊。蜜蜂身上也較多茸毛，可以讓花粉沾在身上。

外表光滑

腰窄

這些黃蜂身型細長，很容易和蜜蜂區分。

姬蜂
（ichneumon wasp）

條紋清晰

牠們是近親嗎？

蜜蜂和黃蜂皆以其黃黑相間的顏色聞名，這些顏色讓捕食者知道牠們會刺人。一些沒有螫針的昆蟲，例如食蚜蠅（hoverfly）也會偽裝成相似的顏色，試圖威懾敵人！

螫針可以反覆使用。

黃蜂
（yellow jacket wasp）

兔子還是野兔？

兔子和野兔都是草原上常見的哺乳類動物，在世界各地都可以見到。雖然牠們都有長長的、毛茸茸的耳朵，但是牠們的區別也很明顯。

兔子　　　　**野兔**

鼠兔是兔子和野兔的近親，生活在山上。

鼠兔
（pikas）

兔子生活的地底洞穴，稱為兔洞。

耳朵較短

羣居

腳短，便於跳躍。

歐洲兔
(European rabbit)

我知道了！

想分辨這兩種動物的話，可以留意牠們的耳朵。野兔的腿和耳朵更長。還有，野兔獨自生活在地面上，而兔子則在地底的洞穴裏羣居。

動物檔案

名稱
歐洲兔

牠們生活在哪裏？
歐洲及澳洲部分地區的草原

牠們有多大？
長35-50厘米

牠們吃什麼？
草、水果及蔬菜

名稱
野兔

牠們生活在哪裏？
南非的灌木叢林地帶

牠們有多大？
長44-65厘米

牠們吃什麼？
主要吃草，也吃樹葉和樹皮

野兔在逃避捕獵者時，速度可高達每小時65公里。

兩隻雄性的野兔正在打「拳擊」。

野兔
（scrub hare）

耳朵較長

後腿長，便於跑步。

牠們是近親嗎？

一些野兔能在寒冷的環境裏生存。在冬季，山兔（mountain hare）的皮毛會變成白色，以便融入雪中，躲避敵人。

鵝

鴨

長頸

鵝和鴨兩者趾間都有
蹼，便於划動游泳。

鵝發出「鳴」叫聲，
而鴨會發出「嘎嘎」的叫聲。

身軀較長

短喙，鼻孔在
較前位置。

鵝
（swan goose）

鵝還是鴨？

鵝和鴨是世界上最為人熟識，也是最常見的水禽。
牠們都是游泳健將，可以在池塘、湖泊、河流，甚至海
洋中找到牠們。那麼，怎樣分辨牠們呢？

我知道了！

這兩種鳥類之間最主要的區別是牠們的大小。鵝的體型一般比較大，脖子更長；而鴨子體型則較小、較圓。也可以注意牠們的叫聲，如果牠「嘎嘎」叫，就是一隻鴨子！

雄性的鴨外表通常比雌性的色彩更鮮豔。

短脖子

長喙，鼻孔較靠近眼睛

身軀較小且圓

兩者在冬季都會向南飛，尋找更溫暖的居所。

野鴨
（mallard duck）

牠們是近親嗎？

天鵝（swan）也是水鳥，牠們以長長的脖子和白色的羽毛而聞名，不過澳洲也有黑天鵝。

動物檔案

名稱
鵝

牠們生活在哪裏？
蒙古，中國和俄羅斯東部的淡水地帶

牠們有多大？
長81-94厘米

牠們吃什麼？
水生植物

名稱
野鴨

牠們生活在哪裏？
除了南極洲之外，遍布各大洲的濕地

牠們有多大？
長50-65厘米

牠們吃什麼？
蛞蝓及蝸牛、昆蟲、蠕蟲、貝類和植物

歐亞猞猁（Eurasian lynx）

恆河猴（rhesus macaque）

哺乳類動物

很多需要捕獵的哺乳類動物都有爪子，爪子也可以用來防禦及對抗敵人。此外，熊用鋒利的爪子爬樹，鼴鼠會用長爪挖東西，而猴子和其他靈長類動物會用爪子梳毛。

只在需要時使用

貓科動物（例如猞猁）不使用爪子時，可以將它縮起來藏在掌內。

爪子

爪子是鋒利的指甲，它們有很多不同的用途：可以捕捉獵物、戰鬥、爬樹和挖掘。無論對各種動物來說，有爪子都是十分方便的。

白尾海鵰
(white - tailed eagle)

鳥類

鳥類捕獵時，會從高空中俯衝下來，用利爪抓住獵物。鳥類還會用爪子來清潔羽毛、抓緊樹枝、搬運東西以及自衞。

綠鬣蜥 (green iguana)

爪子由什麼組成？

大多數爪子由角蛋白組成，指甲、角、蹄子，甚至你頭上的頭髮也是由角蛋白組成的。

腿骨

蟒蛇的身體背後有兩隻「爪」，是在牠們曾經還有腿的時代遺留下來的。

緊握

鵰是飛禽中的掠食者，牠有四隻爪子。三隻向前，一隻向後。這些爪子使牠們能夠抓緊獵物。

樹上居民

鬣蜥大部分時間都生活在樹上。牠們長而彎曲的爪子有助於抓緊樹枝，不會掉下來。

爬行類動物

大多數爬行類動物都有爪，甚至某些蛇也有！蜥蜴會用爪來攀爬和抓取物件。肉食性的爬行類動物，會用爪來捕捉和殺死獵物。

啪！啪！啪！

聖誕島紅蟹（Christmas Island crab）

螃蟹和龍蝦都有大爪子，稱為鉗子。牠們用鉗來壓碎獵物的外殼和擊退攻擊者。甚至透過摩擦鉗子來互相「交談」。

頭部細小，呈三角形。

身型瘦長

大圓斑

非洲豹
（African leopard）

兩者都喜歡獨居。

豹還是美洲豹？

　　這兩頭兇猛的貓科動物，又大又強壯，皮毛呈金褐色，身上有斑點。牠們在棲息地徘徊，尋找大型獵物，然後張開大口猛力施襲。這對貓科兄弟一眼看起來非常相似，牠們到底有何不同？

豹　　　　　美洲豹

我知道了！

豹的體型比美洲豹小，肌肉也沒有美洲豹那麼結實。但若想一眼看出牠們的分別，可以留意牠們的皮毛。雖然兩者都有花形的斑點，但美洲豹的斑點中還有小點。

名稱
非洲豹

牠們生活在哪裏？
非洲東南部的沙漠、大草原及熱帶雨林

牠們有多大？
身長90 - 190厘米
尾長58 - 110厘米

牠們吃什麼？
肉類，包括鹿、蛇和豪豬

名稱
美洲豹

牠們生活在哪裏？
中美洲及南美洲的森林和熱帶雨林

牠們有多大？
身長150 - 180厘米
尾長60 - 90厘米

牠們吃什麼？
肉類，包括水豚和鹿

頭部大而圓

兩者都會咆哮。

大圓斑裏有小點

體壯結實

美洲豹
(jaguar)

牠們是近親嗎？

獵豹（cheetah）也是跟兩者外貌相似的野生貓科動物。這位身型瘦長的獵人，可用最高時速112公里穿越大草原。

我知道了！

野牛的角較小、較直，
而水牛的角則較大、較捲曲。
此外，野牛背上有一個駝峯，
而水牛則沒有。

雌性和雄性的野牛或
水牛都有角。

向上指的小角

駝峯接近頸部

美國野牛
（American bison）

蓬鬆的毛在夏天
會掉落。

野牛還是水牛？

有時我們分不清野牛和水牛，是因為人們習
慣一概用「牛」來稱呼牠們。兩者的確都是牛的
親屬，而且都有深色的皮毛和尖角。你留意到這
兩種生物之間有什麼不同嗎？

野牛

水牛

名稱
美國野牛

牠們生活在哪裏?
北美的草原和平原

牠們有多大?
身長3 - 3.5米
尾長30 - 90厘米

牠們吃什麼?
主要吃草

名稱
水牛

牠們生活在哪裏?
印度和東南亞的河邊及沼澤

牠們有多大?
身長2.4 - 3米
尾長60 - 90厘米

牠們吃什麼?
水生植物

兩者都喜歡羣居，羣居會更安全。

一年四季，皮毛都不會掉落。

大而捲曲的角

水牛
(water buffalo)

牠們是近親嗎?

牛科中的大多數成員都有角，角有保護作用，公犛牛（male yak）（上圖）的角大而彎曲，而母犛牛的角則較小而直。

青蛙還是蟾蜍？

這兩種細小的兩棲類動物都生活在水中或棲息在水源附近。牠們會游泳，而且需要很多水才能生存。然而，跟魚不同的是，牠們是用肺來呼吸的。你幾乎可以在全世界任何淡水地區找到牠們。

青蛙

蟾蜍

動物檔案

名稱
青蛙

牠們生活在哪裏？
池塘邊

牠們有多大？
長8 - 13厘米

牠們吃什麼？
昆蟲、蝸牛、蛞蝓和蠕蟲

名稱
蟾蜍

牠們生活在哪裏？
深水池邊

牠們有多大？
長8 - 13厘米

牠們吃什麼？
昆蟲、蛞蝓、蝸牛、蠕蟲和小型動物，如老鼠

皮膚光滑、濕潤。

長身軀

短腿

青蛙
(frog)

兩者都有三隻腳趾。

青蛙產卵時把蛙卵聚集在一起（如上圖），而蟾蜍則以鏈狀方式產卵。

我知道了！

乍看之下，青蛙和蟾蜍幾乎一模一樣，但牠們其實區別很大。看看牠們的皮膚和腿，或觀察牠們的動作，就可分辨出來了。如果牠會跳，那就是青蛙；如果牠爬行前進，就是蟾蜍。

兩者都有闊嘴巴和大眼睛。

蟾蜍
(toad)

圓身軀

產婆蟾
(midwife toad)

雄性的產婆蟾會守護牠們的卵，直到孵化。

皮膚乾燥、粗糙。

長腿

牠們是近親嗎？

蠑螈（salamander）貌似蜥蜴，是青蛙和蟾蜍的親戚。蠑螈的皮膚有一種危險的毒素，以防其他動物吃掉牠們。

隼還是鷹？

　　會捕獵的鳥類稱為鷲鳥或猛禽。牠們用鋒利的爪子捕捉其他動物，包括其他鳥類，作為食物。雖然隼和鷹都有厲害的捕獵技巧和驚人的視力，但牠們是非常不同的。

長而尖的翅膀

紅隼
(common kestrel)

身軀較小

兩者都有蒼白的羽毛，上面有黑點。

隼　　　鷹

我知道了！

辨別隼和鷹的最佳方法，就是留意牠們翅膀的形狀。鷹用廣闊的翅膀滑翔，翅膀上有鋸齒狀的「手指」；而隼則靠用力拍打尖翅膀，來快速飛翔。

兩者都有鋒利的爪子，用來捕捉獵物。

翼尖看起來像手指

紅尾鷹
（red-tailed hawk）

身軀較大

牠們是近親嗎？

白頭海鵰與禿鷲一樣是大型鷙鳥。鷙鳥，包括鷹的視力可達人類的兩倍，所以我們會用「鷹眼」來形容視力很好的人。

動物檔案

名稱
紅隼

牠們生活在哪裏？
橫跨歐洲、非洲和亞洲不同的棲息地

牠們有多大？
長32-39厘米
翼展長65-82厘米

牠們吃什麼？
細小的哺乳類動物，例如老鼠和田鼠

名稱
紅尾鷹

牠們生活在哪裏？
主要在北美和中美洲的林地

牠們有多大？
長45-65厘米
翼展長104-141厘米

牠們吃什麼？
任何小動物，包括齧齒動物、魚和青蛙

海豹還是海獅？

在世界各地的海岸線上，常常都會看到這些喜歡嬉水的哺乳類動物。海豹和海獅都是游泳高手，牠們有時飛馳在水中找魚吃，有時和其他動物玩耍。以下這些方法可助你辨別二者。

海豹	海獅

沒有外耳 •

海豹喜歡羣居

港海豹
(harbour seal)

• 後腳蹼是固定的，不能行走。

前腳蹼細小，像鰭

牠們是近親嗎？

另一種神奇的海洋哺乳類動物是海象（walrus），牠有獨特的長獠牙，用來在冰上鑽孔，或將自己從水中拉出來，還會與其他海象戰鬥。

前腳蹼很大，像腳。

我知道了！

這些水中獵人都有胖胖的身體，而且臉上長滿鬍鬚，但是海獅的腳蹼更大，可以當作腳一般使用。再看看牠們的耳朵，就可以分辨出來了。

海獅在龐大的羣體中生活，這個羣體可多達1,500隻的數量。

海獅會發出吠叫的聲音，海豹卻很安靜。

細小的外耳

加州海獅
(California sea lion)

動物檔案

名稱
港海豹

牠們生活在哪裏？
大西洋、太平洋、波羅的海和北海的海岸線

牠們有多大？
長1.4 - 1.8米

牠們吃什麼？
魚

名稱
加州海獅

牠們生活在哪裏？
美國西面海岸的水域內外

牠們有多大？
長1.8 - 2.2米

牠們吃什麼？
魚和魷魚

後腳蹼可以向前彎，能在地上行走。

鰻魚還是海蛇？

這些在海洋裏蜿蜒前行的生物是什麼？乍看之下，你可能會把鰻魚和海蛇搞混。兩者都是瘦瘦長長、沒有四肢的水中生物。然而，如果知道要留意哪些地方，就會發現牠們有很大不同。

我知道了！

雖然鰻魚和海蛇看起來類似，但鰻魚是魚類，而海蛇是爬行類動物。鰻魚有鰓和鰭，外觀上更像魚；而海蛇則比較光滑，形狀更像圓柱體。

頭部扁平

鰻魚會用鰓在水中呼吸。

頭是尖的

鰭

身體呈絲帶狀

五彩鰻
(ribbon eel)

鰻魚

海蛇

牠們是近親嗎？

鰻魚和海蛇游泳時像波浪般移動。某些蛇類，例如眼鏡蛇（cobra），也是這樣在陸地上移動。

一些海蛇有劇毒。

身體呈圓柱形，沒有鰭。

黃腹海蛇
(yellow-bellied sea snake)

動物檔案

名稱
五彩鰻

牠們生活在哪裏？
印度洋和太平洋的珊瑚礁

牠們有多大？
長90 - 130厘米

牠們吃什麼？
魚和蝦

名稱
黃腹海蛇

牠們生活在哪裏？
印度洋和太平洋的熱帶地區

牠們有多大？
長約90厘米

牠們吃什麼？
小魚

49

腳部扁平

犀牛的蹄子扁平且非常結實。犀牛的體重會分散在三個腳趾上，好支撐牠們巨大而沉重的身體。

馬（horse）

犀牛（rhinoceros）

馬蹄

馬的腳其實是一隻大腳趾，上面長着一個大腳趾甲！牠們每隻腳都有一個蹄子，可以在堅硬的地上奔跑。

奇數的腳趾

有三種動物會用一隻或三隻腳趾來支撐整個身體：馬、貘、犀牛。這些動物的腳趾和蹄子數目都各有不同。

貘（tapir）

貘的腳趾

貘的前腳有四個小蹄子，後腳只有三個。

蹄子

蹄子可以保護動物的腳，免受炎熱或岩石地面的傷害，並幫助牠們抓住光滑或結冰的表面。有蹄動物的分類，是根據牠們用多少隻腳趾來支撐身體而決定的。

堅韌的鞋底

河馬的蹄子沒有覆蓋整隻腳，它們更像腳趾甲。河馬每隻腳有四個腳趾。

河馬 (hippopotamus)

紅鹿 (red deer)

小蹄子

鹿有露爪，指腳後的小蹄子。露爪並非用來負重，而是加強抓地力。

偶數的腳趾

有超過200種有蹄動物會用兩隻或四隻腳趾來支撐整個身體，動作包括站立、走路或奔跑。這些動物包括豬、鹿、河馬和牛。

鹿有兩隻主腳趾和兩隻露爪。

但是我沒有蹄子！

鯨 (whale)

信不信由你，海豚、鯨和鼠海豚都屬於有蹄動物！因為牠們的祖先是有蹄子的，並能在陸地上行走。

土豚還是食蟻獸？

　　土豚和食蟻獸都有長長的鼻子，又都喜歡吃螞蟻，難怪人們常把牠們混為一談。但牠們實際上來自兩個毫不相關的動物家族，我們應該怎樣分辨牠們呢？

動物檔案

名稱
土豚

牠們生活在哪裏？
非洲撒哈拉以南的大草原、草場和林地

牠們有多大？
長36-45厘米

牠們吃什麼？
螞蟻和白蟻

名稱
大食蟻獸

牠們生活在哪裏？
中美洲和南美洲

牠們有多大？
長1.8-2.4米

牠們吃什麼？
螞蟻和白蟻

淺棕色

鼻子像豬鼻，短平而上翹。

兩者都喜歡在晚間捕獵。

前腳有爪

土豚
(aardvark)

尾部呈錐形

蹄子

土豚　　食蟻獸

鼻子長而尖

彎曲的爪子

牠們是近親嗎?

行動緩慢的樹懶(sloth)與食蟻獸是近親。牠們都有長長的爪子,但樹懶的爪子用來將牠們倒掛在樹上。

大食蟻獸身上通常有一條黑色的條紋。

我知道了!

土豚的後腿有蹄子,而食蟻獸有四隻爪子。食蟻獸尾巴上的茸毛濃密而蓬鬆,土豚的毛則較短。

兩者都有長長的舌頭,像勺子一樣舀起昆蟲。

毛茸茸的尾巴

大食蟻獸
(giant anteater)

我知道了！

大多數的蛾在夜間出沒，而蝴蝶喜歡在白天活動。要確認究竟是哪一種昆蟲，則需要靠近去看看牠們的觸角是羽毛狀或棒狀的。

蠶蛾
(cecropia moth)

兩者都有四隻重疊的翅膀。

羽毛狀的觸角

新澤西虎蛾
(Jersey tiger moth)

翅膀較小

蛾還是蝴蝶？

　　蝴蝶和蛾是最為人熟識的昆蟲之一。牠們身體長，翅膀寬而平，也是重要的傳粉者，能幫助植物傳播花粉。牠們的大小和形狀都非常相似，我們要如何區分呢？

蛾

蝴蝶

澤西虎毛蟲
(Jersey tiger caterpillar)

牠們是近親嗎？

飛蛾和蝴蝶都是卵生的，卵會先孵化成毛蟲，毛蟲要經歷蛻變的過程，才會變成飛蛾或蝴蝶。蛻變時，牠們整個身體都會轉變，並長出翅膀來！

帝王斑毛蟲
(monarch caterpillar)

藍閃蝶
(bule morpho butterfly)

棒狀的觸角

帝王斑蝶
(monarch butterfly)

翅膀較大

兩者的身體都瘦長而多毛。

動物檔案

名稱
新澤西虎蛾

牠們生活在哪裏？
英國、東歐和中亞的花園和樹籬

牠們有多大？
翼展長5 - 6.5厘米

牠們吃什麼？
花蜜

名稱
帝王斑蝶

牠們生活在哪裏？
北美洲和中美洲的森林和山脈

牠們有多大？
翼展長10厘米

牠們吃什麼？
乳草葉

郊狼還是豺？

許多外形跟狗相似的野生動物，都同屬於狼科。在這些犬類近親中，郊狼和豺是非常相似的，牠們都有尖尖的耳朵和灰褐色的皮衣，看起來幾乎一模一樣！牠們到底有什麼區別呢？

長而尖的耳朵

臉部像狗

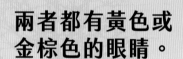

兩者都有黃色或金棕色的眼睛。

尾巴較長

郊狼

豺

郊狼
（coyote）

我知道了！

當你要判斷遇到的是郊狼或豺，主要取決於你身在何方。如果你身在美洲，牠可能是一隻郊狼，而如果你身在非洲或亞洲，那更可能是豺。除此之外，亦可仔細觀察牠們的耳朵和頭部形狀。

動物檔案

名稱
郊狼

牠們生活在哪裏？
北美和中美洲的沙漠、森林和山脈

牠們有多大？
身長1.1米，其中尾長30 - 40厘米

牠們吃什麼？
任何小型哺乳類動物、鹿、魚、昆蟲和水果

名稱
豺

牠們生活在哪裏？
非洲撒哈拉以南、南亞和歐洲部分地區

牠們有多大？
身長69 - 85厘米，其中尾長20 - 30厘米

牠們吃什麼？
小動物和鳥類，還有水果和蔬菜

臉尖，像狐狸

耳朵寬，呈三角形

郊狼通常獨自狩獵，豺則喜歡雙雙對對合作。

尾巴較短

豺
(jackal)

牠們是近親嗎？

我們飼養的寵物狗當然也是郊狼和豺的表親。有些狗，例如德國牧羊犬（German shepherd）（上圖），看起來仍有點像狼。

海鸚還是企鵝？

如果到海邊旅行，你可能會幸運地遇見一羣長相怪異的黑白海鳥。不過牠們可能是完全不同的鳥，這取決於你所在的地區。你知道如何區分海鸚和企鵝嗎？

兩者都與數百隻其他鳥類羣居。

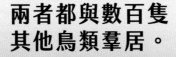

動物檔案

名稱
大西洋海鸚

牠們生活在哪裏？
北大西洋較冷的地區

牠們有多大？
身高28 - 30厘米
翼展長47 - 63厘米

牠們吃什麼？
主要吃魚，也吃蝦、貝類和蠕蟲

名稱
帝王企鵝

牠們生活在哪裏？
南極洲

牠們有多大？
身高1.1 - 1.2米

牠們吃什麼？
魚、魷魚和貝類

大西洋海鸚
(Atlantic puffin)

短而闊、色彩鮮豔的鳥喙。

短翼

身軀小而圓

我知道了！

這兩種鳥最大的區別在於是否會飛——如果牠會飛，那肯定是海鸚。海鸚的喙短而鈍，呈橙黃色，這也是牠的另一特徵。

海鸚　　　　企鵝

長而尖的鳥喙

帝王企鵝
(emperor penguin)

長身軀

堅硬的鰭用來游泳。

**兩者都有蹼足，
方便在水中划行。**

牠們是近親嗎？

生活在水邊的海鳥如海鸚、企鵝、和刀嘴海鸚（razorbill）（右圖）等，都有特殊的羽毛，那是油性而防水的。

爬行類動物

許多爬行類動物能看到的顏色比我們多，蛇的眼睛甚至還可以感測到熱量。

眼瞼不重要

蛇沒有眼瞼，眼睛上只有一層薄薄的皮膚保護眼睛。

鱗樹蝰（leaf viper）

舔舐的蜥蜴

有些蜥蜴沒有眼瞼。牠們不會眨眼，靠舔舐眼球來保持眼睛濕潤！

狩獵中

捕食者例如狐狸，牠的眼睛朝向前，有助判斷遠近，更易捕捉獵物。

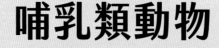

狐狸（fox）

哺乳類動物

觀察哺乳類動物的眼睛，就可以判斷牠是捕食者還是獵物。獵物的眼睛通常在頭的兩側，而捕食者的眼睛通常是向前的。

黑尾野兔（black - tailed jackrabbit）

保持警覺

獵物的眼睛位於頭部兩側，使牠們的視野範圍更廣，能及早發現危險。

眼睛

幾乎每一種動物都有眼睛，但每種動物的眼睛都會因其不同的用途而各有不同特徵。例如：牠需要在黑暗中活動嗎？需要看身後的事物嗎？還是需要留意遠處的小東西呢？

昆蟲的複眼

蒼蠅的大眼睛由數以千計的小眼睛組成！蒼蠅可以看到我們看不到的顏色。

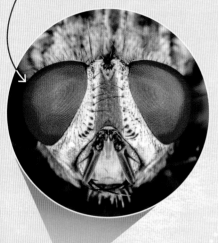

蒼蠅（fly）

昆蟲和蜘蛛

沒有脊椎的生物（例如昆蟲）的眼睛跟哺乳類動物和鳥類的有很大區別。昆蟲有成千上萬隻小眼睛，可以看到四面八方。

夜視

如果動物的眼睛很大，可能是因為牠需要在黑暗中視物。夜間活動的動物（例如貓頭鷹）眼睛後面通常有一個類似鏡子的區域，能吸收微量的光。

環顧四周

與大多數動物不同，貓頭鷹不能轉動眼睛。但是，牠們幾乎能全方位轉動頭部，看到身後發生的事情。

長尾林鴞（ural owl）

很多條腿，很多隻眼

蜘蛛都是獵人。牠們長着很多隻眼睛，方便發現獵物。

跳蛛（jumping spider）

翼斑

一些蛾和蝴蝶翅膀上的斑點，看起來就像捕食者用眼睛盯着獵物一樣。這能嚇退一些潛在的敵人。

這些不是真正的眼睛！

海鷗　　　　信天翁

兩者都有白色和
深灰色的羽毛。

很大的翅膀

銀鷗
(European herring gull)

厚重、微鈎狀的鳥喙。

腳有後趾

海鷗還是信天翁？

海鷗和信天翁都是大型海鳥，白色與灰色
的羽毛相當顯眼。牠們兩者都喜歡在海洋上空
翱翔，偶爾又會俯衝到海浪下去抓魚。如何區
分這兩種大型海鳥呢？

我知道了！

海鷗通常在沿海地區生活，方便覓食，信天翁則大部分時間都在海上生活。而信天翁的體型比海鷗大得多！

巨大的翼展 •

呈鈎狀的長鳥喙 •

短尾信天翁
(short-tailed albatross)

腳沒有後趾 •

兩者都有蹼足，方便降落在水面上。

牠們是近親嗎？

塘鵝（gannet）也是海鳥的一種，牠們有白色的羽毛、黑色的翼尖、長長的頸項和尖長的喙。牠們會優雅地潛入水中覓食。

63

陸龜還是海龜？

提起龜，我們總會想起陸地上爬行的龜，其實，龜分為陸龜和海龜。海龜是指在海裏生活的龜。如何區分這兩種硬殼爬行類動物？

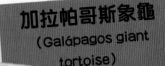

加拉帕哥斯象龜
（Galápagos giant tortoise）

圓頂形的沉重甲殼

動物檔案

名稱
加拉帕哥斯象龜（陸龜）

牠們生活在哪裏？
厄瓜多爾海岸外的加拉帕哥斯羣島

牠們有多大？
長達130厘米

牠們吃什麼？
草、葉和仙人掌

名稱
玳瑁海龜

牠們生活在哪裏？
大西洋和太平洋的熱帶珊瑚礁

牠們有多大？
長60-95厘米

牠們吃什麼？
海綿，還有藻類、海洋植物，以及小魚和軟體動物

陸龜只吃素食，而海龜則既吃植物，也吃動物。

粗腿

牠們是近親嗎？

水龜（terrapin）是在湖泊和池塘中生活的海龜。牠們能游泳，但腳的形狀與陸龜相似，並有時在陸地上生活。

加拉帕哥斯象龜可以
活到150歲以上。

陸龜　　　　海龜

我知道了！

陸龜在陸地上生活，而
海龜在海裏生活。看看牠們有
腳還是鰭肢，觀察牠們甲殼的
形狀，就可找出線索，分辨出
牠們是爬行還是游泳高手。

海龜會返回到牠們出
生的海灘上產卵。

鰭狀的腿

玳瑁海龜
(hawksbill sea turtle)

流線形的
輕盈甲殼

兩者都有堅硬的喙
和鱗狀皮膚。

刺蝟還是豪豬？

如果你看到這些長滿尖刺的生物，請小心！
牠們都會利用尖刺來保護自己，也喜歡在夜間活
動。你會區分牠們嗎？

動物檔案

名稱
歐洲刺蝟

牠們生活在哪裏？
西歐的林地和花園中

牠們有多大？
身長15-30厘米

牠們吃什麼？
昆蟲、蛋和蠕蟲

名稱
冠豪豬（俗稱箭豬）

牠們生活在哪裏？
西亞和中亞的森林裏

牠們有多大？
身長70-90厘米
尾長8-10厘米

牠們吃什麼？
水果、漿果、植物根部和樹皮

一隻刺蝟約有
7,000條刺。

短刺，不會脫落。

身體細而圓

尖鼻

歐洲刺蝟
（European hedgehog）

刺蝟 | 豪豬

我知道了！

刺蝟的刺是短的，
牠會將自己捲成一個針球來
保護自己；豪豬的刺較長且容易
脫落，所以尖刺會卡在敵人的
身體上。

一隻豪豬約有
30,000條刺。

長刺，會脫落。

身體較大

圓鼻

冠豪豬
(Indian crested
porcupine)

牠們是近親嗎？

儘管鼩鼱（shrew）沒有刺，
但牠的尖鼻子就是線索，證明
牠與刺蝟有親戚關係。

豆娘還是蜻蜓？

這些瘦瘦長長、色彩斑斕的昆蟲很常見。牠們總是在池塘和湖泊附近出沒，在夏秋季尤其活躍。牠們生活在平靜水邊，捕食較小的飛蟲。豆娘和蜻蜓長得很像，很多人都以為牠們是一樣的，但事實並非如此。

兩隻大眼分開長在頭部兩側

兩者都會一邊飛行，一邊在空中捕捉獵物。

兩對大小相同的翅膀

褐斑異痣蟌
（blue-tailed damselfly）

身體較瘦長

動物檔案

名稱
褐斑異痣蟌（豆娘）

牠們生活在哪裏？
歐洲大部分地區的平靜水面附近

牠們有多大？
身長3厘米
翼展長3.5厘米

牠們吃什麼？
小飛蟲和昆蟲的幼蟲

名稱
遷徙小販蜻蜓

牠們生活在哪裏？
歐洲、北非、整個亞洲

牠們有多大？
身長6.5厘米
翼展長8厘米

牠們吃什麼？
小飛蟲

豆娘 **蜻蜓**

豆娘比蜻蜓小得多。仔細觀察，你便會發現豆娘的兩隻小眼睛之間有一條縫，但蜻蜓的眼睛較大，而且靠得較近。

遷徙小販蜻蜓
（migrant hawker dragonfly）

眼睛較小•

後翼比前翼大

兩者都可以在空中盤旋、向後飛和上下倒轉。

身體較短，也較粗。

蜻蜓幼蟲在長大的過程中，會脫皮，也叫蛻皮。

牠們是近親嗎？

蜉蝣（mayfly）也是有翅脈的飛蟲。與豆娘和蜻蜓不同的地方是，蜉蝣有三條長鬃毛附在尾巴上。

顏色相同的珊瑚

糖果蟹甚至會佩戴珊瑚來融入其中。

糖果蟹（candy crab）

東美鳴角鴞
（eastern screech owl）

棕色樹皮

東美鳴角鴞的羽毛顏色與牠們棲息的樹的樹皮幾乎完全相同。

融入其中

許多動物身上的顏色和圖案跟牠們的生活環境很相似，讓牠們能隱身其中。

老虎（tiger）

變色龍（chameleon）

條紋捕食者

老虎跟蹤獵物時，身上的幼細條紋有助藏身在草叢中，不易被發現。

變變變

變色龍可以在不同環境中改變皮膚的顏色和圖案。

保護色

保護色能令動物與環境融為一體，不容易被其他動物注意到。有些動物的保護色是為了躲避捕食者，也有些是為了偷襲牠們的獵物。

珊瑚蛇（coral snake）

牛奶蛇（milk snake）

致命還是安全？

珊瑚蛇攻擊時會分泌毒液。雖然牛奶蛇沒有毒液，但因為顏色和條紋看起來很像珊瑚蛇，所以也能將捕獵者嚇跑。

蘭花螳螂（orchid mantis）

花還是螳螂？

蘭花螳螂看起來就像粉紅色的蘭花。牠們棲息在蘭花上，很難被發現。

擬態模仿

有些動物自身沒有什麼技能保護自己或抵禦掠食者，便會模仿或偽裝成另一種生物。換言之，牠們令自己看起來像另一種危險或有毒的動物，讓捕食者不敢打擾。

蛾還是蜘蛛？

舞蛾背部的圖案看起來像跳蛛的眼睛，這令牠們能逃過蜘蛛的追捕。

舞蛾（metalmark moth）

我們愛聚在一起！

毫不突出

斑馬的條紋會讓敵人產生視覺模糊，很難從一羣斑馬中看清每隻斑馬。也就是說，像獅子這樣的捕食者，較難瞄準某隻斑馬作為目標。

鸛還是鷺？

鷺和鸛都是高大的鳥類，牠們的脖子偏長，生活在水中或水源附近。牠們喜歡站在池塘裏靜止不動，觀察着水面去捕捉獵物。那麼，我們應該怎麼區分這兩種樣子莊嚴的鳥？

鳥喙厚實，頂部彎曲。

頸部較短較直

鸛

鷺

兩者的喙都很尖，可以將魚刺透。

禿鸛
(marabou stork)

我知道了！

鸛的喙頂部彎曲，
而鷺的喙較為扁平。飛翔時，
鸛的脖子會伸直，而鷺的脖子會
形成一個清晰的「S」形。

名稱
禿鸛

牠們生活在哪裏？
非洲撒哈拉以南，從大草原到
沼澤的各種棲息地

牠們有多大？
高152厘米

牠們吃什麼？
魚、青蛙、垃圾、腐肉及糞便

名稱
大藍鷺

牠們生活在哪裏？
北美洲及中美洲的濕地

牠們有多大？
高91 - 137厘米

牠們吃什麼？
小魚

頸部彎曲

鳥喙尖細

大藍鷺
(great bule heron)

鷺會在高樹
上築巢。

**兩者的腿都很長，
讓牠們可以涉足於
深水中。**

牠們是近親嗎？

鶴（crane）是另一種長腿
水鳥，以其翩翩起舞的舞姿
而聞名。沙丘鶴（上圖）很
容易識別，因為牠頭上有頂
紅色的「帽子」。

海獺還是水獺？

這兩種動物關係密切，牠們都是天生頑皮愛玩的優秀泳手。然而，在大海中生活與在河邊居住是截然不同的。讓我們了解一下怎樣區分這兩種可愛的生物。

海獺

水獺

海獺可以一輩子都在水中生活。剛出生的小海獺已有防水的毛皮，令牠們能浮在水面上。

海獺
(sea otter)

幾乎看不見的耳朵

厚而蓬鬆的皮毛

牠們是近親嗎？

海獺屬於黃鼠狼（weasel）家族，包括獾（badger）和白鼬（stoat）。黃鼠狼（下圖）是兇猛的獵手，可以打倒身型比自己大的動物。

海獺喜歡仰臥着漂浮，而水獺只會向前游泳。

名稱
海獺

牠們生活在哪裏？
北太平洋海岸

牠們有多大？
長1.2 - 1.5米

牠們吃什麼？
獵物範圍廣，包括海膽、甲殼類
動物、蝸牛和八爪魚

名稱
北美水獺

牠們生活在哪裏？
加拿大和美國的河流或沼澤中

牠們有多大？
長66 - 107厘米

牠們吃什麼？
魚、小龍蝦、小型爬行類動物和
兩棲類動物、鳥類，甚至較大
的動物，例如海狸和鱷龜

水獺大部分時間都
在陸地上生活。

逐漸收窄的
圓尾巴

**海獺可以下潛至30米
深的海中，而水獺只
能下潛至18米深。**

短而粗糙的皮毛

四肢大小相近

北美水獺
(North American
river otter)

耳朵清晰可見

前腿像爪，
後腿像鰭。

平闊的尾巴

我知道了！

海獺比水獺大得多，
體重甚至高達水獺的九倍之多。
除此之外，海獺的皮毛更厚，
看起來更蓬鬆。

75

詞彙表

一窩幼崽 litter
同一時間，由同一個媽媽生下來的幼小動物羣。

口鼻 snout
動物的長鼻子。

大臼齒 molar
哺乳類動物口部後方的牙齒，用來磨碎食物。

大草原 savannah
平坦、乾燥、有草的棲息地。

小臼齒 premolar
動物口裏於前齒與大臼齒之間的牙齒。沒大臼齒那麼寬和扁平。

水禽 waterfowl
在水中生活和覓食的鳥類。

犬齒 canine tooth
動物口部靠近前面，尖而鋒利的牙齒。

犬類 canine
犬科的成員。

半球 hemisphere
地球的上下半。南半球包括南美洲、非洲、大洋洲和南極洲。北半球包括北美、歐洲、亞洲和北極。

外骨骼 exoskeleton
一些無脊椎動物的硬殼。

幼蟲 larva
年幼的昆蟲。

有袋動物 marsupial
這些動物身體上有一個袋，讓嬰兒在袋中生活。

肉食動物 carnivore
只吃肉的動物。

冷血動物 cold-blooded
會根據周圍環境溫度而降溫或升溫的動物。

利爪 talon
猛禽鋒利的爪子。

兩棲動物 amphibian
可以在水中和陸地上生活的動物。

刺 quill
從刺蝟、豪豬等哺乳類動物的皮膚中長出的尖刺。

夜間動物 nocturnal
主要在夜間才活躍起來的動物。

昆蟲 insect
有六隻腳的細小無脊椎動物。

爬行類動物 reptile
有鱗狀皮膚的冷血動物。

物種 species
一羣具有相同特徵的動物。相同或有密切相關的物種可以孕育出下一代。

門牙 incisor
一些動物口部前面的牙齒，用來咬斷食物。

保護色 camouflage
動物為了避免被看見，把自己和環境融為一體的方式。

毒素 toxin
植物或動物（例如毒箭蛙）體內產生的有毒物質。

毒液 venom
動物在咬或螫時，注入受害者皮膚內的有毒物質。

食腐動物 scavenger
進食死去和腐爛的動植物的動物。

哺乳類動物 mammal
溫血動物，通常多毛，大部分是胎生而不是卵生的。

害蟲 pest
破壞食物供應或農作物的動物。

捕食者 predator
會獵食其他動物的動物。

海鳥 seabird
在海邊生活和獵食的雀鳥。

草食動物 herbivore
只吃植物的動物。

淡水 freshwater
不帶鹽分的水，包括河水、湖水和池水。

猛禽 raptor
會捕獵的雀鳥，例如隼、鷹或鵰。

粗糙 coarse
凹凸不平的質感。

鳥喙 bill
鳥的嘴部。

善於抓握的 prehensile
形容動物的肢體（通常是尾巴）可以捲起來抓住樹枝。

棲息地 habitat
動物、植物或其他生物的居住環境，包括構成周圍環境的自然特徵，例如水和岩石。

無脊椎動物 invertebrate
沒有脊椎的動物，例如昆蟲、八爪魚或魷魚。

傳粉者 pollinator
把花粉從一棵植物傳到另一棵的昆蟲或其他動物，傳播花粉可以使植物結出果實。

滑翔 gliding
飛行時毋須鼓動翅膀。

蛻變 metamorphosis
動物的身體發生重大變化。例如，從幼蟲變為成蟲，或者蝌蚪變為成青蛙時。

鉗子 pincer
螃蟹的大爪。

模仿 mimicking
當某動物偽裝另一種動物的外貌或行為。

翼尖 wingtips
雀鳥翅膀的末端。

翼展 wingspan
飛行動物兩隻翼尖之間的距離。

獵物 prey
被捕食者獵殺和吃掉的動物。

雜交種 hybrid
把兩種不同但又密切相關的物種混合而得出的動物或植物。

雜食動物 omnivore
既吃肉、又吃植物的動物。

鯨類 cetaceans
一羣在海中生活的哺乳類動物，包括海豚、鼠海豚和鯨。

觸角 antennae
昆蟲的頭上的一對長而幼的感應器。

觸鬚 tentacle
一些水中無脊椎動物，例如魷魚的幼長肢體。觸鬚上有吸盤，可抓住食物和感受事物。

鹹水 saltwater
含有大量鹽分的水，例如海水。

索引

鳴 謝

謹向以下單位致謝，他們都為這本書付出良多：

Kritika Gupta（編輯），Nehal Verma（設計）；Dheeraj Arora（封面設計）；
Mayank Choudhary（相片搜集）；Polly Goodman（校對）；and Helen Peters（製作索引）